AF476822

V

SOLUTIONS RAISONNÉES

DES PROBLÈMES

DE GÉOMÉTRIE, D'ARPENTAGE, ETC.

(C.)

Angers, imp. Cosnier et Lachèse, chaussée Saint-Pierre, 13.

COURS DE MATHÉMATIQUES

THÉORIQUE ET PRATIQUE,

A l'usage des Écoles primaires supérieures, des Écoles normales primaires et des classes de logique (lettres) des Colléges et des Lycées.

QUATRIÈME PARTIE.

SOLUTIONS RAISONNÉES

DES PROBLÈMES

Proposés dans le Traité de Géométrie, d'Arpentage et de Dessin linéaire,

PAR J. DUPUIS,

LICENCIÉ ÈS SCIENCES PHYSIQUES DE LA FACULTÉ DE PARIS,
PROFESSEUR DE MATHÉMATIQUES.

PARIS,
DEZOBRY, E. MAGDELEINE ET Cie, LIBRAIRES-ÉDITEURS,
RUE DU CLOITRE SAINT-BENOIT, 10,
(Quartier de la Sorbonne).

1857

TRAITÉ

DE GÉOMÉTRIE

SOLUTIONS RAISONNÉES DES PROBLÈMES

1er Problème. — Un polygône de quatre côtés peut se décomposer en deux triangles par une diagonale; or la somme des angles d'un triangle est égale à deux angles droits, donc la somme des angles des deux triangles, qui est la même que la somme des angles du polygône, vaut 2 fois 2 angles droits ou 4 droits.

La somme des angles du polygône de cinq côtés vaut 3 fois 2 angles droits ou 6 droits.

Celle du polygône de 6 côtés vaut 4 fois 2 ou 8 droits.
Celle du polygône de 8 côtés » 6 fois 2 ou 12 droits.
Celle du polygône de 10 côtés » 8 fois 2 ou 16 droits.
Et celle du polyg. de 12 côtés » 10 fois 2 ou 20 droits.

2 — Un polygône de sept côtés peut se décomposer en cinq triangles; or, la somme des angles d'un triangle vaut 2 droits ou 180°, donc la somme des angles des cinq triangles, c'est-à-dire du polygône, vaut 5 fois 180° ou 900°.

La somme des angles du polygône de neuf côtés vaut 7 fois 180° ou 1260°.

Celle du polygône de 11 côtés vaut 9 fois 180° ou 1620°.
Celle du polygône de 13 côtés » 11 fois 180° ou 1980°.
Et celle du polyg. de 15 côtés » 13 fois 180° ou 2340°.

3 — La somme des angles d'un polygône de vingt côtés vaut 18 fois 180° ou 3240°. Donc chacun d'eux en vaut la 20me partie ou 162°.

4 — Les deux angles valent ensemble 75° + 28° 30′ ou 103° 30′; or la somme des trois angles d'un triangle vaut 180°, donc le troisième angle vaut 180° — 103° 30′ = 76° 30′.

5 — La somme des angles du pentagône vaut 3 fois 180° ou 540°; or les quatre angles connus valent 2 fois 94° + 2 fois 125° 30′ ou 439°, donc le cinquième angle vaut 540° — 439° ou 101°.

6 — La somme des angles du polygône de seize côtés vaut 14 fois 180° ou 2520°; or, les six angles de 160° chacun valent ensemble 6 fois 160° ou 960°; donc les 10 autres valent ensemble 2520° — 960° ou 1560° et chacun d'eux vaut la 10e partie de cette somme ou 156°.

7 — La somme des trois angles du triangle vaut 180°; la somme des deux angles à la base vaut donc 180° — 45° ou 135°; et comme ils sont égaux, chacun d'eux vaut la moitié de cette somme ou 67° 30′.

8 — Les angles à la base du triangle isocèle étant égaux valent ensemble 2 fois 72° 30′ ou 145°; l'angle du sommet vaut donc 180° — 145° ou 35°.

9 — L'un des angles à la base vaut quatre fois l'angle du sommet; les deux angles à la base valent donc 8 fois cet angle, et les trois angles du triangle le valent 9 fois; cet angle égale donc la 9e partie de 180° ou 20°, et chacun des angles à la base vaut la moitié du reste, c'est-à-dire 80°.

10 — Les trois angles du triangle sont entre eux comme les nombres 1, 2, 3; le deuxième vaut donc 2 fois le premier, et le troisième le vaut 3 fois; la somme des trois angles du triangles le vaut donc 1 fois + 2 fois + 3 fois, c'est-à-dire 6 fois. Ce premier angle égale donc la 6e partie de 180° ou 30°; le deuxième qui en est le double = 60°, et le troisième qui en est le triple = 90°. Le triangle ayant un angle de 90° est rectangle.

---

11 — Soit x cette quatrième proportionnelle. Le rapport de a à b est égal au rapport de c à x, on a donc $\frac{a}{b} =; \frac{c}{x}$ si on remplace les lettres par les nombres correspondants on a: $\frac{0,063}{0,045} = \frac{0,175}{x}$; or un des extrêmes d'une proportion est égal au produit des moyens divisé par l'autre extrême, on a donc $x = \frac{0,045 \times 0,175}{0,063} = 0^{m},125$.

12 — Soit x cette moyenne proportionnelle. Le rapport de a à x est égal au rapport de x à b, on a donc $\frac{a}{x} = \frac{x}{b}$, si on remplace les lettres par les nombres on a $\frac{0,378}{x} = \frac{x}{0,168}$. Or une moyenne proportionnelle entre deux nombres est égale à la racine carrée du produit de ces deux nombres, on a donc $x = \sqrt{0,378 \times 0,168} = 0^{m},252$.

13 — AE est une quatrième proportionnelle à AB, AD, AC, on a donc l'égalité de rapports $\frac{AB}{AD} = \frac{AC}{AE}$

Si on remplace les lignes par leurs valeurs, on a
$\frac{0,064}{0,048} = \frac{0,076}{\text{AE}}$ d'où $\text{AE} = \frac{0,048 \times 0,076}{0,064} = 0^{m},057$.

14 — AE est une quatrième proportionnelle à AB, AD et AC, on a donc $\frac{\text{AB}}{\text{AD}} = \frac{\text{AC}}{\text{AE}}$ c.-à-d. $\frac{0,104 + 0,060}{0,104} = \frac{0,205}{\text{AE}}$
d'où $\text{AE} = \frac{0,104 \times 0,205}{0,104 + 0,060} = 0^{m},075$ et $\text{EC} = \text{AC} - \text{AE}$
$= 0^{m},205 - 0^{m},075 = 0^{m},130$.

---

15 — Soit b' et c' les côtés homologues de b et c. Deux triangles semblables ont leurs côtés homologues proportionnels, on a donc les égalités de rapports $\frac{a}{a'} = \frac{b}{b'}$ et $\frac{a}{a'} = \frac{c}{c'}$
si on remplace les lettres par les nombres correspondants, on a $\frac{3,60}{0,27} = \frac{4}{b'}$ et $\frac{3,60}{0,27} = \frac{4,20}{c'}$, d'où $b' = \frac{0,27 \times 4}{3,60} = 0^{m},300$
et $c' = \frac{0,27 \times 4,20}{3,60} = 0^{m},315$.

16 — Soit x la hauteur inconnue. Deux triangles semblables ont leurs bases proportionnelles à leurs hauteurs; on a donc $\frac{5,60}{0,24} = \frac{3,50}{x}$, d'où $x = \frac{0,24 \times 3,50}{5,60} = 0^{m},15$.

17 — La hauteur x d'un triangle rectangle dont l'hypoténuse est la base, est moyenne proportionnelle entre les deux segments qu'elle détermine sur cette base; on a donc
$$\frac{3,33}{x} = \frac{x}{1,48}, \text{ d'où } x = \sqrt{3,33 \times 1,48} = 2^{m},22.$$

18 — Soit x la longueur du segment cherché ; on a

$$\frac{28}{21} = \frac{21}{x}, \text{ d'où } x = \frac{21 \times 21}{28} = 15^m,75.$$

19 — Soit x la longueur du côté cherché. Ce côté est moyen proportionnel entre l'hypoténuse et le segment de l'hypoténuse qui lui est adjacent ; on a donc $\frac{7,50}{x} = \frac{x}{4,80}$, d'où $x = 6^m$.

20 — Soit x cette longueur. On a

$$\frac{x}{0,195} = \frac{0,195}{0,117}, \text{ d'où } x = 0^m,325.$$

21 — Soit x la longueur de l'hypoténuse. Le carré du nombre qui représente cette longueur est égal à la somme des carrés des nombres qui représentent les longueurs des deux côtés de l'angle droit ; on a donc

$$x^2 = 20^2 + 21^2 = 841, \text{ d'où } x = \sqrt{841} = 29^m.$$

22 — Soit x cette longueur. On a $x^2 = 17^2 - 8^2 = 225$, d'où $x = \sqrt{225} = 15^m$.

23 — Soit x la longueur de l'hypoténuse. Le premier côté de l'angle droit vaut 2 fois $0^m,25 = 0^m,50$, et le deuxième côté vaut 3 fois $0^m,40 = 1^m,20$; on a donc $x = 0,50^2 + 1,20^2 = 1^m,69$, d'où $x = \sqrt{1,69} = 1^m,30$, et le quart de $x = 0^m,325$.

24 — Soit x cette longueur ; les deux côtés sont égaux, puisque le triangle est isocèle, on a donc $x^2 + x^2 = 0,24^2$ ou $2x^2 = 0,0576$, d'où $x = \sqrt{0,0288} = 0^m,17$.

25 — La longueur de l'échelle est l'hypoténuse d'un triangle rectangle dont les deux côtés de l'angle droit valent 4^m et $0^m,90$; on a donc $x^2 = 4^2 + 0,90^2 = 16,81$, d'où

$$x = \sqrt{16,81} = 4^m,10.$$

26 — La hauteur du mur est l'un des côtés d'un triangle rectangle dont l'hypoténuse vaut $3^{m},70$ et l'autre côté $1^{m},20$, on a donc $x^2 = 3,70^2 - 1,20^2 = 12,25$, d'où

$$x = \sqrt{12,25} = 3^{m},50.$$

---

27 — Soit x cette quatrième proportionnelle, on a $\frac{2a}{3b} = \frac{4c}{x}$; or, $2a = 40^{m}$, $3b = 54^{m}$, et $4c = 64^{m}$; on a donc $\frac{40}{54} = \frac{64}{x}$, d'où $x = \frac{54 \times 64}{40} = 86^{m},40$

28 — Soit x cette moyenne proportionnelle. La moitié de $0^{m},338 = 0^{m},169$, et le tiers de $0^{m},675 = 0^{m},225$; on a donc $\frac{0,169}{x} = \frac{x}{0,225}$, d'où $x = \sqrt{0,169 \times 0,225} = 0^{m},195.$

29 — Elles sont représentées par des longueurs 400 fois plus petites, c'est-à-dire par $0^{m},185$, $0^{m},210$ et $0^{m},239$.

30 — Elles représentent des distances 500 fois plus grandes, c'est-à-dire 34^{m}, $42^{m},50$ et $56^{m},50$.

---

31 — Prenons par exemple une échelle de réduction de $0^{m},005$ par mètre. On trace une base ac, de 175^{mm}, on fait au point a, avec le rapporteur, un angle de 52°, et au point c un angle de $64^{\circ}\ 30'$. On mesure avec le double décimètre la longueur ab, qu'on trouve égale à $176^{mm},50$, donc $AB = 35^{m},30$.

32 — Par une construction semblable à celle du problème précédent, on trouve, en prenant la même échelle de réduction, $ab = 153^{mm},50$; donc $AB = 30^{m},70$.

33 — Prenons une échelle de réduction de $0^m,002$ par mètre. On trace une base $ab = 120^{mm}$, on fait, avec le rapporteur au point a, un angle de $90°$, et au point b un angle de $52°$; on mesure avec le double décimètre le côté ac qu'on trouve égal à $153^{mm},60$; donc $AC = 76^m,80$. (*Le lecteur est prié de faire la figure.*)

34 — Prenons une échelle de réduction de $0^m,002$ par mètre. On trace une base $ab = 158^{mm}$, aux deux extrémités de cette base on fait sucesssivement les angles $pab = 83°$, $qab = 41°$, $qba = 75° 30'$ et $pba = 28° 30'$. On mesure la distance pq qu'on trouve égale à 124^{mm}, donc $PQ = 62^m$. (*On est prié de faire la figure.*)

35 — Par une construction semblable à celle du problème précédent, on trouve $pq = 114^{mm}$, à l'échelle de $0^m,001$ par mètre, donc $PQ = 114^m$.

36 — En prenant une échelle de réduction de $0^m,002$ par mètre, on trouve $ab = 162^{mm},50$, donc $A'B = 81^m,25$. En ajoutant à cette longueur la hauteur $1^m,25$ de l'instrument, on a $82^m,50$ pour hauteur de la tour.

37 — La hauteur de la tour, la longueur de l'ombre et la direction des rayons solaires forment un triangle rectangle dont on connaît l'un des côtés de l'angle droit égal à 48^m et un angle aigu égal à $52° 30'$. Si on rapporte ce triangle à l'échelle de $0^m,002$ par mètre, on trouve pour la hauteur réduite 122^{mm}; donc la hauteur de la tour $= 62^m,50$.

38 — Le triangle afg, rapporté à l'échelle de $0^m,005$ par mètre détermine le point a, de ce point on abaisse la perpendiculaire ac sur le prolongement de fg; on trouve cette perpendiculaire égale à $201^{mm},50$, donc $AE = 40^m,30$; en ajoutant à cette longueur la hauteur $1^m,50$ du graphomètre, on a $41^m,80$ pour hauteur de la tour.

39 — Si on construit un triangle rectangle dont la hauteur

soit double de la base, on trouve l'angle à la base égal à 63° 30′, donc le soleil est élevé de 63° 30′ au-dessus de l'horizon, quand la hauteur du style vertical est double de la longueur de son ombre.

40 — Prenons une échelle de $0^{m},001$ par 10^{m}. On trace une base de 200^{mm}, on fait à l'une de ses extrémités un angle de 72° et à l'autre un angle de 84°, on mesure la hauteur du triangle ainsi formé; on la trouve de 465^{mm}, donc le nuage est élevé de 4650^{m}.

41 — On construit un triangle rectangle dont la base est les trois quarts de la hauteur, on mesure l'angle à la base qu'on trouve de 53°, donc le soleil est élevé de 53° au-dessus de l'horizon.

42 — Si on rapporte la figure à l'échelle de $0^{m},01$ par mètre; on trouve pour hauteur réduite $11^{mm},6$, la statue a donc $1^{m},16$ de hauteur.

---

43 — La surface d'un rectangle est égale au produit de sa base par sa hauteur. Donc la surface du terrain égale

$$35 \times 32 = 1120^{mq} = 11^{a},20.$$

44 — Les 0,4 de 95 = 38. Donc la surface du terrain

$$= 95 \times 38 = 3610^{mq} = 36^{a},10.$$

45 — L'aire d'un carré est égale au carré de son côté. Donc la surface du terrain égale

$$64,5^2 = 4160^{mq},25 = 41^{a},6025.$$

46 — Soit x cette hauteur. On a $x \times 156 = 117^{a}$ ou $11\,700^{mq}$, d'où $x = \dfrac{11\,700}{156} = 75^{m}$.

47 — Soit x ce côté. On a $x^2 = 16\,384^{mq}$, d'où

$$x = \sqrt{16\,384} = 128^{m}.$$

48 — Le côté du carré égale le quart de 300 ou 75^m. Donc la surface du carré $= 75^2 = 5625^{mq}$ ou 56^a,25.

49 — Soit x le côté du carré. On a $x^2 = 1024^a$ ou $102\,400^{mq}$ d'où $x = \sqrt{102\,400} = 320^m$. Le contour vaut donc 4 fois $320 = 1280^m$.

50 — Soit x ce côté. On a $x^2 = 245 \times 45 = 11\,025^{mq}$, d'ou $x = \sqrt{11\,025} = 105^m$.

51 — Soit x ce côté. L'aire du terrain vaut $96 \times 50 = 4800^{mq}$; les trois quarts valent 3600^{mq}; donc $x^2 = 3600$, d'où $x = 60^m$.

52 — L'aire du premier terrain $= 12\,600^{mq}$, les deux tiers valent 8400^{mq}. On a donc $75\,x = 8400$, d'où $x = 112^m$.

53 — Partageons ce terrain en cinq parties égales par des parallèles à la hauteur, on a cinq carrés égaux; l'aire de chaque carré égale le cinquième de $11\,520^{mq}$ ou 2304^{mq}. Le côté d'un de ces carrés, qui est la hauteur du rectangle égale donc 48^m, et la base du rectangle = 5 fois 48^m ou 240^m.

54 — La surface du terrain égale $62\,500^{mq}$, donc le côté égale 250^m et le contour égale 1000^m.

55 — L'aire du premier terrain vaut 256^{mq}
celle du deuxième. . . . . 3969^{mq}
et celle du troisième . . . . 5184^{mq}
donc l'aire du quatrième terrain vaut
$256 + 3969 + 5184 = 9409^{mq}$ et son côté $= 97^m$.

56 — Chaque rouleau a 6^{mq} de superficie; il en faut autant que 6 est contenu de fois dans 7^{mq}, c'est-à-dire 12,5. Le prix à 1^f,20 le rouleau = 15 fr.

57 — Le mur a autant de mètres carrés que 0^f,40 est contenu de fois dans 14^f,70, c'est-à-dire 36^{mq},75. On a donc

$$x \times 24{,}5 = 36{,}75, \text{ d'où } x = \frac{36{,}75}{24{,}5} = 1^m{,}50.$$

58 — Il faut aux 4 bœufs 4 fois $5^{mq},25 = 21^{mq}$
aux 4 vaches 4 fois $5^{mq},75 = 23^{mq}$
aux 4 élèves 4 fois $4^{mq} = 16^{mq}$
et aux 40 moutons 40 fois $1^{mq} = 40^{mq}$.

L'étable doit donc avoir $21 + 23 + 16 + 40 = 100^{mq}$. On a donc $8x = 100$, d'où $x = 12^{m},50$.

59 — L'aire de l'étable $= 67^{mq},50$. Il faut aux deux bœufs 11^{mq} et aux deux vaches $11^{mq},50$. Donc il faut aux quatre animaux $22^{mq},50$; il reste donc $67^{m},50 - 22^{m},50$ ou 45^{mq}. Or un mouton occupe 1^{mq}, on peut donc en loger 45.

60 — La première bergerie a 150^{mq} de superficie; chaque mouton en occupe en moyenne la 160e partie, ou $0^{mq},9375$. On a donc $x \times 10 = 120$ fois $0^{mq},9375 = 112^{mq},50$ d'où
$$x = 11^{m},25.$$

61 — L'aire d'un parallélogramme est égale au produit de sa base pour sa hauteur. Donc l'aire du terrain égale
$$9,40 \times 7,60 = 71^{mq},44.$$

62 — Les 0,9 de 45 = 40,5. On a donc
$$S = 45 \times 40,5 = 1822^{mq},50.$$

63 — Le produit de la base par la hauteur égale 2352^{mq}; or, la hauteur égale les trois quarts de la base, donc le produit de la base par les trois quarts de la base, ou les trois quarts du carré de la base $= 2352^{mq}$, donc le quart du carré de la base $= 784^{mq}$ et le carré de la base $= 3136^{mq}$; donc la base $= 56^{m}$ et la hauteur, qui en est les trois quarts $= 42^{m}$.

64 — Soit x ce côté, on a : $x^2 = 98 \times 50 = 4900^{mq}$, d'où $x = 70^{m}$.

65 — On a $124\,x = 9300^{mq}$, d'où $x = 75^{m}$.

66 — La distance des deux autres côtés peut aussi être prise pour hauteur du parallélogramme dont la base est

alors 67^{m},50 ; or l'aire du parallélogramme est constante, on a donc $67,50 \times x = 46,8 \times 15$, d'où $x = 10^{m},4$.

67 — L'aire du carré de 1729^{m} de côté = 2 989 441^{mq}, donc l'aire du carré qui en est le triple = 8 968 323^{mq} et son côté = 2995^{m} par excès.

68 — L'aire d'un triangle est égale au produit de la moitié de sa base par sa hauteur. Donc la surface du terrain égale $68 \times 85 = 5780^{mq}$ ou 57^{a},80.

69 — Soit x cette base ; on a $x \times 61,50 = 14\,391^{mq}$, d'où $x = \dfrac{14\,391}{61,50} = 234^{m}$.

70 — L'aire de ce terrain = 992^{mq},25. Donc le côté du carré équivalent = 31^{m},5.

71 — Le produit de la base pour la moitié de la hauteur = 78 400^{mq}, or, la base est double de la hauteur, donc le produit du double de la hauteur par la moitié de la hauteur, ou le carré de la hauteur = 78 400^{mq}, donc la hauteur = 280^{m} et la base qui en est le double = 560^{m}.

72 — L'aire du premier triangle = 2812^{mq},50
celle du deuxième............ = 4500^{mq}
et celle du troisième.......... = 8750^{mq}
donc l'aire totale égale
$2812,50 + 4500 + 8750 = 16\,062^{mq},50$.

73 — L'aire du premier triangle = 562^{mq},50
celle du deuxième............ = 1350^{mq},00
et celle du troisième........... = 2992^{mq},50
donc l'aire du quatrième triangle = $562,50 + 1350 + 2992,50 = 4905^{mq}$, on a donc $109 \times x = 4905$, d'où $x = 45^{m}$.

74 — L'aire du premier triangle = 127×85
et celle du deuxième.......... = 127×95
donc l'aire du quadrilatère = $127 \times 85 + 127 \times 95 = 127 \times (85 + 95) = 127 \times 180 = 22\,860^{mq}$ ou 228^{a},60.

75 — L'aire de ce terrain = 1296^{mq}; donc le côté du carré équivalent = 36^{m}.

76 — L'aire d'un trapèze est égale au produit de la somme de ses bases par la moitié de sa hauteur. On a donc

$$S = (365 + 189,50) \times 36,20 = 20\,072^{mq},90.$$

77 — Si on divise la surface 5383^{mq},50 par la moitié 24,25 de la hauteur, on a pour quotient 222, qui représente la somme des deux bases, donc la longueur de la seconde base = 222 — 54 = 168^{m}.

78 — L'aire du trapèze = 7942^{mq}, donc le côté du carré équivalent = 89^{m},1, à moins de 0^{m},1 près par défaut.

79 — La valeur approchée de la surface d'un terrain limité dans une de ses parties par une ligne courbe est égale au produit de la distance de deux perpendiculaires successives par la somme de toutes les perpendiculaires; or la distance de deux perpendiculaires successives est le cinquième de 16^{m},4 ou 3^{m},28. On a donc

$$S = (4,8 + 5,5 + 6,4 + 4,9) \times 3,28 = 708^{mq},48, \text{ ou } 7^{a},0848.$$

80 — La distance de deux perpendiculaires successives = 2^{m},75. On a donc

$$S = (3,8 + 7,6 + 9,5 + 13,6 + 16,8 + 15,4 + 13,6 + 8,5 + 4,2) \times 2,75 = 255^{mq},75 \text{ ou } 2^{a},5575.$$

81 — La distance de deux perpendiculaires successives = 0^{m},75. On a donc S = 16^{mq},68.

82 — La distance de deux perpendiculaires successives = 3^{m},56. On a donc S = 336^{mq},42 ou 3^{a},3642.

83 — Soit x cette hauteur. Dans deux triangles semblables les bases homologues sont entre elles comme les hauteurs correspondantes. On a donc l'égalité de rapports

$$\frac{45}{9} = \frac{24}{x}, \text{ d'où } x = 4^{m},8.$$

84 — Les aires de deux polygones semblables sont entre elles comme les carrés de leurs côtés homologues. On a donc

$$\frac{s}{S} = \frac{1^2}{200^2} = \frac{1}{40\,000}.$$

85 — Soit x la hauteur. Le carré de l'hypoténuse d'un triangle rectangle est égal à la somme des carrés faits sur les deux autres côtés. On a donc $x^2 = 113^2 - 112^2 = 225$, d'où $x = 15^{m}$ et la surface $= 15 \times 112 = 1680^{mq}$.

86 — La hauteur du rectangle égale $\sqrt{117^2 - 108^2} = 45$; donc la surface $= 45 \times 108 = 4860^{mq}$.

87 — Le carré fait sur la diagonale d'un carré est double de ce carré; donc la surface du terrain égale la moitié de $391^2 = 76\,440^{mq},50$.

88 — Le carré de la diagonale $= 10\,000^{mq}$, donc l'aire du terrain $= 5\,000^{mq}$, et son côté $= 70^{m},7$, à moins de $0^{m},1$ par défaut.

89 — Soit x cette longueur, on a

$$x^2 = 80^2 + 39^2 = 7921, \text{ d'où } x = 89^{mm}.$$

90 — On a $x^2 = 73^2 - 55^2 = 2304$, d'où $x = 48^{mm}$.

91 — On a $68^2 = 4624$ et $60^2 + 32^2 = 4624$, donc le carré fait sur le plus grand côté de l'équerre égale la somme des carrés des deux autres côtés, donc l'angle opposé au premier côté est droit et l'équerre est bien construite.

92 — On a $75^2 + 308^2 = 100\,489$ et $317^2 = 100\,489$, donc le triangle est rectangle, c'est-à-dire que l'angle opposé

au plus grand côté est droit. Or les deux côtés de l'angle droit peuvent être pris pour base et pour hauteur, donc la surface du terrain $= 75 \times 154 = 11\,550^{mq} = 115^{a},50$.

93 — Soit x cette longueur. Elle est l'hypoténuse d'un triangle rectangle dont les deux autres côtés valent $6^{m},30$ et $1^{m},60$, on a donc $x^2 = 6,30^2 + 1,60^2$, d'où $x = 6^{m},50$.

94 — Soit x cette distance, elle est un côté de l'angle droit d'un triangle rectangle dont la longueur de l'échelle $6^{m},15$ est l'hypoténuse, et dont l'autre côté a 6^{m}. On a donc

$$x^2 + 6^2 = 6,15^2, \text{ d'où } x^2 = 1,8225 \text{ et } x = 1^{m},35.$$

---

95 — Chacun des cinq rectangles égale la cinquième partie de $2700^{mq} = 540^{mq}$. Leur hauteur est celle du grand rectangle, on a donc $36x = 540$, d'où $x = 15^{m}$.

96 — Soit x cette base. La hauteur est celle du carré, c'est-à-dire 356^{m}, on a donc $356\,x = 1$ hectare ou $10\,000^{mq}$, d'où $x = 28^{m},09$ par excès.

97 — Le côté du terrain égale 448^{m}, or, les trois rectangles ont même hauteur, donc ils sont entre eux comme leurs bases, et il faut partager la base 448 en parties proportionnelles aux nombres 4, 2 et 1. Si la base valait 7, les trois parties seraient 4^{m}, 2^{m} et 1^{m}. Si la base valait 1^{m}, les trois parties seraient $\frac{4}{7}$ de m. $\frac{2}{7}$ de m. et $\frac{1}{7}$ de m. Or, la base vaut 448^{m}, donc les bases des trois rectangles valent $\frac{4}{7}$ de 448^{m}, $\frac{2}{7}$ de 448^{m} et $\frac{1}{7}$ de 448^{m} ou 256^{m}, 128^{m} et 64^{m}.

98 — La base du rectangle égale $\frac{36\,600}{150} = 244^{m}$, or les

deux rectangles partiels ont même hauteur, donc pour avoir leurs bases il faut partager 244 en parties proportionnelles aux nombres 1 et 4. On trouve $48^m,8$ et $195^m,2$.

99 — Les quatre parallélogrammes ont même hauteur, donc il faut partager la base 1875^m en parties proportionnelles à 6, 2, 1 et 1. On trouve 1125^m, 375^m, $187^m,5$ et $187^m,5$.

100 — Les parallèles détermineront trois triangles semblables au premier; le plus petit en sera le quart, le deuxième la moitié, et le troisième les trois quarts. Or, les triangles semblables sont entre eux comme les carrés de leurs côtés homologues; donc les carrés des côtés homologues des trois triangles valent

le quart du carré de 3 kilomètres...... $= 2\,250\,000^m$
la moitié du carré de 3 kilomètres..... $= 4\,500\,000^m$
et les trois quarts du carré de 3 kilomètres $= 6\,750\,000^m$.

Donc les côtés valent $\sqrt{2\,250\,000} = 1500^m$, $\sqrt{4\,500\,000} = 2121^m$, et $\sqrt{6\,750\,000} = 2598^m$; donc le premier segment du côté du triangle vaut 1500^m, le deuxième $2121^m - 1500^m = 621^m$, le troisième $2598 - 2121 = 477^m$ et le quatrième $3000 - 2598 = 402^m$.

101 — Le triangle ADE étant les trois quarts du trapèze DECB est évidemment les trois septièmes du triangle ABC; donc le carré de AD égale les trois septièmes du carré de AB égale 107 142,85 et $AD = 327^m,3$.

102 — On peut diviser chacune des deux bases dans le rapport des nombres 1 et 8, et joindre les deux points de division; on a deux trapèzes de même hauteur, donc ils sont entre eux comme leurs bases, c'est-à-dire comme 1 est à 8. Les deux bases du plus petit trapèze valent 63^m et 94^m. Deux bases quelconques dont la somme fera $63 + 94 = 157^m$ répondront à la question.

103 — La surface totale du terrain égale 5204^a. Chaque

partie égale donc la moitié de 5204 = 2602^a. Or, AKH = 814^a, la portion à prendre dans ADH égale donc 2602 — 814 = 1788^a. Mais la hauteur du triangle ADH $= \frac{1848}{192,5} = 0^m,60$.

La base du triangle de 1788^a égale donc $\frac{1788}{4,80} = 372^m,50$, donc l'extrémité de la droite qui partagera le polygône en deux parties égales sera à 385 — 372,50 = 12^m,50 du point D.

104 — La surface totale du polygône égale 5204^a. La plus grande des deux parties qui en est les deux tiers égale donc 3469^a,33 ; or ABC + ACD = 2542^a, il faut donc y ajouter 3469,33 — 2542 = 927^a,33 ; mais la hauteur du triangle ADH égale 9^m,60, la base du triangle de 927^a,33 vaut donc $\frac{927,33}{4,80} = 193^m,19$; c'est donc à 193^m,19 du point D que sera l'extrémité de la ligne de séparation.

---

105 — La longueur d'une circonférence est égale au double de son rayon multiplié par le nombre constant 3,1416 ; donc la circonférence = 40 × 3,1416 = 125^m,664.

106 — Le tiers du rayon égale 8^m, donc le rayon égale 24^m et la circonférence = 48 × 3,1416 = 150^m,7968 ; donc les trois quarts de la circonférence = 113^m,10....

107 — Le rayon de la demi-circonférence cherchée égale 4 fois 4,5 = 18^m ; or, la longueur d'une demi-circonférence est égale au produit de son rayon par 3,1416, donc cette demi-circonférence = 18 × 3,1416 = 56^m,55....

108 — La longueur de la circonférence de 5^m de rayon =

$10 \times 3{,}1416$. Celle de la circonférence de 7^m de rayon $= 14 \times 3{,}1416$. La longueur de la circonférence demandée vaut donc $10 \times 3{,}1416 + 14 \times 3{,}1416 = 24 \times 3{,}1416 = 75^m{,}40$ par excès.

109 — En divisant 400 par 3,1416 on a pour quotient 127,32 qui représente le diamètre, donc le rayon $= 63^m{,}66$.

110 — On a $R = \dfrac{75}{2 \times 3{,}1416} = 11^m{,}94$.

111 — On a $R = \dfrac{6}{2 \times 3{,}1416} = 0^m{,}95$.

112 — La longueur de la circonférence de la seconde roue égale $6^m{,}25$, donc son rayon $= \dfrac{6{,}25}{2 \times 3{,}1416} = 0^m{,}99$.

113 — La longueur d'un arc de cercle de $n^\circ = \dfrac{\pi R n}{180}$; on a donc $x = \dfrac{3{,}1416 \times 10 \times 15}{180} = 2^m{,}62$.

114 — Les sommets des angles d'un octogône régulier inscrit dans un cercle partagent la circonférence en huit parties égales, chacun des arcs sous-tendus par le côté de l'octogône vaut donc 45°, et l'on a

$$x = \frac{3{,}1416 \times 25 \times 45}{180} = 19^m{,}63.$$

115 — La longueur de l'arc égale

$$\frac{3{,}1416 \times 65{,}29 \times 50{,}5}{180} = 57^m{,}55.$$

116 — La longueur de la circonférence du cercle ou

$360^\circ = 163^m,1747$; donc 1^m vaut $\frac{360^\circ}{163,1747}$ et 25^m valent 25 fois plus ou $\frac{360^\circ \times 25}{163,1747} = 55^\circ\ 9'$ par défaut.

117 — L'aire d'un cercle est égale au produit du carré de son rayon par le nombre constant 3,1416; donc la surface du bassin $= 8^2 \times 3,1416 = 201^{mq},06$.

118 — L'aire de ce champ $= 40^2 \times 3,1416 = 5026^{mq},56 = 50^a,2656$.

119 — Le rayon du cercle égale 500^m; donc la surface du cercle $= 500^2 \times 3,141592 = 785\,368^{mq}$ et la surface du champ qui en est la moitié $= 392\,684^{mq} = 3926^a,84$.

120 — Le contour de l'hippodrome se compose de deux fois la longueur d'une demi-circonférence de 200^m de diamètre et de deux fois la base du rectangle; or, la longueur de la circonférence $= 200 \times 3,1416 = 628^m,32$, et deux fois la base du rectangle $= 800^m$; donc le contour $= 628^m,32 + 800^m = 1428^m,32$. La surface de l'hippodrome se compose de deux fois la surface du demi-cercle et de la surface du rectangle; or, la surface du cercle $= 100^2 \times 3,1416 = 31\,416^{mq}$, et la surface du rectangle $= 400 \times 200 = 80\,000^{mq}$; donc, la surface de l'hippodrome $= 31\,416^{mq} + 80\,000^{mq} = 111\,416^{mq} = 1114^a,16$.

121 — Le contour $= 250 \times 3,1416 + 500 \times 2 = 1785^m,40$, et la surface $= 125^2 \times 3,1416 + 500 \times 250 = 174\,087^{mq},50 = 1740^a,8750$.

122 — En divisant 375 par 3,1416, on a pour quotient 119,36 qui représente le carré du rayon; donc le rayon $= 10^m,925$, et le diamètre $= 21^m,85$.

123 — La couronne est la différence des surfaces des deux cercles; donc $S = 24,96^2 \times 3,1416 - 17,53^2 \times 3,1416 = (24,96^2 - 17,53^2) \times 3,1416 = 991^{mq},80$.

124 — Les deux cordes et le diamètre forment un triangle rectangle dont le diamètre est l'hypoténuse; or le carré de l'hypoténuse est égal à la somme des carrés des deux autres côtés; on a donc, en nommant x la longueur du diamètre : $x^2 = 13{,}50^2 + 23{,}40^2 = 729^{mq}{,}81$; donc le carré du rayon, qui est le quart du carré du diamètre $= 182^{mq}{,}45$ donc la surface du cercle $= 182{,}45 \times 3{,}1416 = 573^{mq}{,}18$ et celle du champ qui en est la moitié $= 286^{mq}{,}59$.

125 — En divisant la demi-circonférence par 3,1416 on a pour quotient 9,835 qui représente la longueur du rayon; donc la surface du parterre $= 9{,}835^2 \times 3{,}1416 = 303^{mq}{,}93$.

126 — En divisant la surface du cercle par $3^m{,}1416$ on a pour quotient 28,6478 qui représente le carré du rayon; donc le rayon $= 5^m{,}35$ et le contour du parterre circulaire $= 10{,}70 \times 3{,}1416 = 33^m{,}63$.

127 — L'aire du carré $= 46{,}90^2 = 2199^{mq}{,}61$; on a donc $R^2 \times 3{,}1416 = 2199^{mq}{,}61$, d'où $R = 26^m{,}46$.

128 — L'aire du cercle $= 1963^{mq}{,}50$. On a donc

$$142{,}80 \times x = 1963^{mq}{,}50, \text{ d'où } x = 13^m{,}75.$$

129 — La longueur de la circonférence $= 78^m{,}54$; le côté du carré de même contour en est le quart, il vaut donc $19^m{,}635$.

130 — La surface d'un secteur de cercle dont l'arc vaut $n^o = \frac{\pi R^2 n}{360}$; donc la surface du secteur égale

$$\frac{3{,}1416 \times 47^2 \times 54}{360} = 10^a{,}41.$$

131 — La surface d'un secteur est égale au produit de la longueur de son arc par la moitié du rayon; on a donc

$$S = 0{,}75 \times 0{,}50 = 0^{mq}{,}3750.$$

132 — Les deux côtés du carré et le diamètre du cercle

forment un triangle rectangle dont le diamètre est l'hypoténuse. On a donc $2x^2 = 0,073^2$, d'où $x^2 = \frac{0,073^2}{2} = 2664$ millimètres carrés.

133 — L'aire d'un polygône régulier est égal au produit de la moitié de son périmètre par son apothème; or le côté de l'hexagône est égal au rayon, donc la moitié du périmètre de l'hexagône égale 3 fois $0^m,047 = 0^m,141$. Mais l'apothème est un côté de l'angle droit d'un triangle rectangle dont le rayon est l'hypoténuse et la moitié du côté de l'hexagône l'autre côté de l'angle droit. On a donc, en nommant x cet apothème, $x^2 = 0,047^2 - 0,0235^2 = 0,001656$ et $x = 0,0407$, donc la surface de l'hexagône $= 0,141 \times 0,0407 = 5739^{mmq}$.

---

134 — La différence de niveau des deux points est $1^m,28 - 0^m,44 = 0^m,84$.

135 — La hauteur du point d'arrivée au-dessus du point de départ, est égale à la somme des coups d'arrière diminuée de la somme des coups d'avant; or, la somme des coups d'arrière est $3^m,07$, et celle des coups d'avant est $0^m,99$; donc la hauteur du point d'arrivée au-dessus du point de départ est $3^m,07 - 0^m,99 = 2^m,08$.

136 — La somme des coups d'avant est $3^m,77$ et celle des coups d'arrière est $2^m,37$; donc, la hauteur du point de départ au-dessus du point d'arrivée est $3^m,77 - 2^m,37, = 1^m,40$.

137 — La somme des coups d'avant est égale à $4^m,09$ ainsi que celle des coups d'arrière, donc les deux points sont de niveau.

138 — La somme des coups d'avant est $0^m,77$ et celle des coups d'arrière est $9^m,01$; donc, la hauteur du point d'arrivée au-dessus du point de départ est $9^m,01 - 0,77 = 8^m,24$.

---

139 — Le volume d'un parallélipipède rectangle est égal au produit de sa base par sa hauteur ; or, la base de la pile de bois égale $10 \times 2,40 = 24^m$; donc le volume de la pile égale $24 \times 8,50 = 204^{mc}$, ou 204 stères, et le prix, à 12 fr. le stère = 2448 fr.

140 — Le volume d'un cube est égal au cube de son côté, le volume de la pile de bois égale donc 1728 mètres cubes ou stères. Le prix, à $10^f,50$ le stère = 18 144 fr.

141 — Le volume du bois que peut contenir le chantier est un prisme quadrangulaire dont la base est la surface du trapèze ; or le volume d'un prisme est égal au produit de sa base par sa hauteur ; le volume du bois contenu dans le chantier égale donc $121 \times 5 = 605$ stères.

142 — Chaque face du cube $= 6^{mq},25$, donc la surface totale = 6 fois $6,25 = 37^{mq},50$.

143 — La longueur de l'arête du cube égale la racine cubique de $262,144 = 6^m,40$.

144 — Chacune des faces du cube = le sixième de $73^m,50 = 12^{mq},25$; donc l'arête du cube égale la racine carrée de $12,25 = 3^m,50$.

145 — L'arête du cube égale la racine cubique de $3,375 = 1^m,5$; donc l'une de ses faces égale $2^{mq},25$ et sa surface totale égale 6 fois $2,25 = 13^{mq},50$.

146 — Chacune des faces du cube $= 0^{mq},5184$; donc l'arête $= 0^m,72$ et le volume $= 0^{mc},373248$.

147 — Le volume du cube de 5^{m} d'arête égale 125^{mc} ; donc le volume du cube qui en serait le double égale 250^{mc} ; et son arête égale $\sqrt[3]{250} = 6^{m},299$.

148 — Le volume du cube de 6^{m} d'arête égale 216^{mc}, donc le volume d'un cube 10 fois plus grand égale 2160^{mc}, et son arête $= 12^{m},926$.

149 — Si la surface totale du second cube est triple de celle du premier, chaque face du deuxième cube est aussi triple de chaque face du premier ; or l'une des faces du cube de 10^{m} d'arête égale 100^{mq} ; donc l'une des faces du second cube égale 300^{mq} et son côté $= 17^{m},32$.

150 — Le volume d'un parallélipipède rectangle est égal au produit de sa base par sa hauteur ; donc le volume de la pièce de bois égale $0,45 \times 0,24 \times 6 = 0^{mc},648$, et l'arête du cube équivalent égale $\sqrt[3]{0,648} = 0,865$.

151 — La surface de la base du bassin égale 8^{mq} ; donc le volume d'eau qu'il contient égale $8 \times 1,24 = 9^{mc},92 = 9920^{dc}$, c'est-à-dire 9920 litres.

152 — Le produit de la base $10^{mq},24$ par la profondeur du bassin égale 1792 décalitres ou $17^{mc},920$; donc, en divisant 17,920 par 10,24, on obtiendra la profondeur du bassin. On trouve $1^{m},75$.

153 — Le produit de la surface de la base par la hauteur de l'eau, $0^{m},80$, égale 45 décalitres ou $0^{mc},450$; donc la surface de la base égale $\frac{0,450}{0,80} = 0,5625$, donc son côté égale $\sqrt{0,5625} = 0^{m},75$.

154 — Le volume du premier prisme égale $0^{mc},440$; donc le volume du second qui en est les trois quarts égale $0^{mc},330$. Donc, en divisant ce volume par la hauteur $1^{m},50$, on aura pour quotient la base. On trouve $0^{mq},22$.

155 — La surface de la base du tombereau égale $1^{mq},26$; donc sa capacité égale $1,26 \times 0,85 = 1^{mc},071$.

156 — La capacité du premier tombereau égale $0^{mc},840$; donc la capacité du deuxième tombereau, qui en est le double, égale $1^{mc},680$; or, la base de ce deuxième tombereau égale $1^{mq},75$, on a donc $1,75 \times x = 1,680$, d'où $x = 0^{m},96$.

157 — La couche de fumier est un parallélipipède rectangle dont la base est la surface du champ et la hauteur 6^{mm} ; son volume égale donc $10\,500 \times 0,006 = 63^{mc}$, et le prix, à $3^{f},25$ le mètre cube $= 204^{f},75$.

158 — La surface du champ égale 1344^{mq}, et le volume de la couche de fumier égale $1344 \times 0,01 = 13^{mc},440$. Donc le prix, à $3^{f},50$ le mètre cube $= 47^{f},04$, et les $13^{mc},440$ pèsent ensemble $13,440 \times 750 = 10\,080$ kilog. ou $100^{q},8$.

159 — La surface de la prairie égale 3770^{mq} ; on a donc, en appelant x l'épaisseur de la couche, $3770 \times x = 150^{h},8$ ou $15^{mc},080$, d'où $x = \frac{15,080}{3770} = 0^{m},004$.

160 — Le volume du noir animal à employer $= 2500 \times 0,002 = 5^{mc} = 50$ hectolitres. Donc le prix, à $12^{f},50$ l'hectolitre égale 625^{f}.

161 — On a employé autant d'hectolitres de plâtre que 3^{f} est contenu de fois dans $622^{f},50$, c'est-à-dire $207^{h},50$ ou $20^{mc},750$; or le produit de la surface 2075^{mq} par l'épaisseur de la couche, égale $20^{mc},750$; donc en divisant ce volume par la surface du champ, on aura l'épaisseur de la couche. On trouve $0^{m},01$.

162 — La surface du premier champ égale 1568^{mq} ; or le produit de cette surface par l'épaisseur de la couche égale $78^{h},4$ ou $7^{mc},840$; donc l'épaisseur de la couche égale $\frac{7,840}{1568} = 0^{m},005$, et le volume d'écaille qu'il faudra pour couvrir

le second champ égale 136 $\times$ 83 $\times$ 0,005 = $28^{mc},220$ ou $282^{h},2$.

163 — Le volume de terre retiré du conduit égale 250 $\times$ 0,75 $\times$ 0,50 = $93^{mc},750$; or, la prairie a 37 500^{mq} de superficie, et le conduit en prend $187^{m},50$, donc il reste à couvrir 37 $312^{mq},50$, et l'épaisseur de la couche égale $\frac{93,750}{37312,50}$ = $0^{m},0025$.

164 — La capacité du réservoir égale 125^{mc} ; donc la quantité d'eau qu'il contient égale $62^{mc},500$ ou 62 500 litres. Il faut mêler à cette eau autant de décilitres d'acide sulfurique que 220 est contenu de fois dans 62 500, c'est-à-dire 284 décilitres ou $28^{l},4$.

165 — Le volume d'eau du premier réservoir égale 150^{mc} et le volume d'eau du second égale 144^{mc} ; or on a mis cinq quintaux de guano dans les 150^{mc} d'eau du premier réservoir ; donc, par mètre cube d'eau, on en a mis 150 fois moins ou $\frac{5}{150} = \frac{1}{30}$ et pour les 144^{mc} du deuxième réservoir, on en mettra 144 fois plus ou $\frac{144}{30}$ = $4^{q},80$, c'est-à-dire 480 kil.

166 — Les 30 barriques valent 7200 litres, le silo doit donc avoir une capacité de $7^{mc},200$. Or, la surface de sa base égale 9^{mq}, donc en divisant $7^{mc},200$ par 9^{mq}, on aura pour quotient la profondeur du silo. On trouve $0^{m},80$.

167 — Le volume d'une pyramide est égal au produit de sa base par le tiers de sa hauteur. On a donc

$$V = 4,20 \times 2,50 = 10^{mc},500.$$

168 — En divisant le volume de la pyramide $0^{mc},576$ par le tiers de sa hauteur $0^{m},60$, on trouve pour quotient $0^{mq},96$ qui représentent évidemment la surface de la base.

169 — En divisant le volume de la pyramide $0^{mc},448$ par sa base $0^{mq},56$, on trouve pour quotient $0^{m},80$ qui représentent le tiers de la hauteur; donc la hauteur égale $2^{m},40$.

170 — En divisant le volume de la pyramide $1^{mc},500$ par sa hauteur 8^{m}, on trouve pour quotient 0,1875 qui représentent le tiers de la surface de la base; donc la base égale $0^{mq},5625$ et le côté égale $\sqrt{0,5625} = 0^{m},75$.

171 — Le volume de la première pyramide égale 1/3 de 25×7. Soit x la hauteur de la deuxième, son volume égale 1/3 de $8,75 \times x$; or elles sont équivalentes, donc

$$8,75 \times x \times \frac{1}{3} = 25 \times 7 \times \frac{1}{3}, \text{ d'où } x = \frac{25 \times 7}{8,75} = 20^{m}.$$

172 — Le volume de la pyramide égale 1/3 de $4,50 \times 4 = 6^{mq}$; donc le côté du cube équivalent égale $\sqrt[3]{6} = 1^{m},817$.

173 — Le volume du silo égale $10^{mc},404$ ou 10 404 litres, c'est-à-dire $104^{h},04$.

174 — Le volume de la pyramide égale $2\,706\,025^{mc}$. On a donc, en nommant x la longueur du mur; $x \times 0,50 \times 4 = 2\,706\,025$; d'où $x = 1\,353\,012^{m},50 = 1353^{k},0125 = 338$ lieues 1/4 de 4 kilomètres.

175 — Le volume d'eau cherché est un prisme qui a pour base la section verticale de la rivière et pour hauteur $4^{m},50$; or, cette surface égale 1/8 de $6,40 \times (0,45 + 0,93 + 1,87 + 2,14 + 1,29 + 0,88) = 6^{mq},0480$; donc le volume du prisme égale $6,0480 \times 4,50 = 27^{mc},216$.

176 — La section verticale de la rivière égale $26^{mq},6380$; donc le volume de l'eau égale $26,6380 \times 8,50 = 226^{mc},423$.

177 — La surface latérale d'un cylindre droit à base circulaire est égale au produit de la circonférence de sa base par sa hauteur ; donc la surface latérale de la colonne égale $0,75 \times 3,1416 \times 3,60 = 8^{mc},4823$.

178 — Le volume d'un cylindre droit à base circulaire est égal au produit du cercle qui lui sert de base par sa hauteur ; donc le volume du rouleau égale $0,20^2 \times 3,1416 \times 3 = 0^{mc},376992$, et le côté du cube équivalent égale $\sqrt[3]{0,376992} = 0^m,72$.

179 — En divisant la surface latérale du cylindre $1^{mq},80$, par la circonférence de sa base $0^m,75$, on obtient pour quotient $2^m,40$ qui représentent évidemment la hauteur du cylindre.

180 — En divisant la surface latérale du cylindre 2^{mq}, par sa hauteur $2^m,50$, on obtient pour quotient $0^m,80$ qui représentent évidemment la circonférence de sa base.

181 — Le volume de l'eau égale $4^2 \times 3,1416 \times 1,25 = 62^{mc},832 = 6283^d,2$.

182 — En divisant le volume du bassin 75 hectolitres ou $7^{mc},500$ par la base 5^{mq} ; on obtient pour quotient $1^m,50$ qui représentent évidemment la profondeur du bassin.

183 — La capacité du premier bassin égale 10^{mc} ; donc la capacité du second, qui en est la moitié, égale 5^{mc}. En divisant 5^{mc} par la profondeur du bassin $0^m,80$, on obtient pour quotient $6^{mq},25$ qui représentent évidemment la surface de sa base.

184 — La capacité du silo égale $3,1416 \times 4^2 \times 1 = 50^{mc},2656 = 502^h,65$.

185 — L'eau s'élève à 2^m ; donc son volume égale $3,1416 \times 3^2 \times 2 = 56^{mc},5488$ ou $56\,548^l,80$. Donc il faut autant

de décilitres d'acide sulfurique que 225 est contenu de fois dans 56 548,80, c'est-à-dire 251^{d} ou $25^{l},1$.

186 — La capacité du silo égale 40 fois 225 litres ou 9000 litres ou 9^{mc}. Donc en divisant 9^{mc} par la base du silo $2,50^2 \times 3,1416$ ou $19^{mq},6350$, on aura pour quotient la profondeur du silo. On trouve $0^{m},45$.

187 — Soit R le rayon exprimé en décimètres, la hauteur est 2 R, et le volume de l'hectolitre égale $\pi R^2 \times 2 R = 2 \pi R^3$; on a donc : $2 \pi R^3 = 100^{dc}$, d'où $R^3 = \frac{50}{\pi} = 15,915\,457$ et $R = \sqrt[3]{15,915\,457} = 2^{dm},515$, et la hauteur $= 5^{dm},03 = 0^{m},503$.

188 — Le volume de la maçonnerie est la différence de deux cylindres de même hauteur dont l'un a 3^{m} et l'autre 2^{m} de diamètre, donc il est égal au produit de la couronne qui lui sert de base par la hauteur 8^{m}. Or, la couronne a $3^{mq},9270$ de superficie; donc le volume de la maçonnerie égale $3^{mq},9270 \times 8 = 31^{mc},416$.

189 — La surface latérale d'un cône droit à base circulaire a pour mesure la moitié du produit de la circonférence de sa base par son côté; or, la circonférence de la base du cône égale $3,1416 \times 1 = 3^{m},1416$; donc sa surface latérale égale 1/2 de $3,1416 = 1^{mq},5708$.

190 — La hauteur du cône et le rayon de sa base sont les deux côtés de l'angle droit d'un triangle rectangle dont le côté du cône est l'hypoténuse; donc ce côté égale $\sqrt{1,40^2 + 2,25^2} = 2,65$, et la surface latérale du cône égale $1,40 \times 3,1416 \times 2,65 = 11^{mq},655$.

191 — La surface latérale d'un tronc de cône droit à bases circulaires est égale au produit de la demi-somme des circonférences des deux bases par le côté; donc la surface du

tronc de cône égale ($\pi \times 0,46 + \pi \times 0,64) \times 5 = \pi \times 1,10 \times 5 = 17^{mq},2788$.

192 — La hauteur du tronc de cône $0^{m},24$ et la différence des rayons de ses deux bases $0^{m},10$, sont les deux côtés de l'angle droit d'un triangle rectangle dont le côté du tronc de cône est l'hypoténuse ; donc ce côté égale $\sqrt{0,24^2 + 0,10^2} = 0^{m},26$ et la surface latérale du tronc de cône égale $\pi \times (0,15 + 0,25) \times 0,26 = 0^{mq},3267$.

193 — Le volume d'un cône droit à base circulaire a pour mesure le tiers du produit de sa base par sa hauteur ; donc le volume du cône égale 1/3 de $0,50^2 \times 3,1416 \times 1 = 0^{mc},2618$, et le côté du cube équivalent égale $\sqrt[3]{0,2618} = 0^{m},63$.

194 — La hauteur du cône est l'un des côtés de l'angle droit d'un triangle rectangle dont le rayon de la base $3^{m},60$ est l'autre côté de l'angle droit et le côté du cône $8^{m},50$ l'hypoténuse ; donc la hauteur du cône égale $\sqrt{8,50^2 - 3,60^2} = 7^{m},70$, et son volume égale 1/3 de $3,60^2 \times 3,1416 \times 7,70 = 104^{mc},502$.

195 — La surface latérale d'un cône est égale au produit de la moitié de son côté par la circonférence de sa base ; donc, en divisant la surface $3^{mq},75$ par la moitié du côté $1^{m},50$, on aura la circonférence de la base. On trouve $2^{m},50$.

196 — Le volume d'un cône est égal au produit du tiers de sa base par sa hauteur ; donc, en divisant le volume du cône 2^{mc} par le tiers de sa base $0^{mq},50$, on aura sa hauteur. On trouve 4^{m}.

197 — Le volume du premier cône égale 2^{mc}. Le volume du second qui en est les trois quarts égale $1^{mc},500$; donc,

en divisant $1^{mc},500$ par la hauteur $2^{m},50$, on aura le tiers de la base. On trouve $0^{mq},60$, donc la base égale $1^{mq},80$.

198 — La capacité du silo égale $1/3$ de $4^2 \times 3,1416 \times 2 = 33^{mc},510 = 335^{h},10$.

199 — Le volume du cylindre égale $0,42^2 \times 3,1416 \times 5$. Le volume du cône égale $0,40^2 \times 3,1416 \times 0,50$; donc, le volume de la colonne égale $0,40^2 \times 3,1416 \times (5 + 0,50) = 0,40^2 \times 3,1416 \times 5,50 = 2^{mc},764\,601$.

200 — Le rayon de la section est un côté de l'angle droit d'un triangle rectangle dont la distance de la section au centre est l'autre côté et dont le rayon de la sphère est l'hypoténuse; donc, le carré du rayon de la section égale $0,50^2 - 0,30^2 = 0,16$ et la surface $= 0,16 \times 3,1416 = 0^{mq},5027$.

201 — En divisant 2 par 3,1416 on trouve 0,6366 qui représentent le carré du rayon de la section; or, la distance de cette section au centre de la sphère est l'un des côtés de l'angle droit d'un triangle rectangle dont le rayon de la section est l'autre côté et le rayon de la sphère l'hypoténuse; donc cette distance égale $\sqrt{1^2 - 0,6366} = 0^{m},60$.

202 — La surface d'une sphère est égale à quatre fois la surface d'un grand cercle, on a donc

$$S = 4\pi \times 1^2 = 12^{mq},5664.$$

203 — La surface d'une sphère de rayon $R = 4\pi R^2$; donc en divisant la surface de la sphère par 4π, on aura pour quotient le carré du rayon. On trouve 0,079577; donc le rayon $= 0^{m},282$.

204 — Le volume d'une sphère de rayon $R = \frac{4}{3}\pi R^3$;

$$\text{donc } V = \frac{4}{3}\pi \times 1^3 = 4^{mc},188.$$

205 — $V = \frac{4}{3}\pi \times 0{,}20^3 = 0^{mc},033510.$

206 — En divisant le volume par $\frac{4}{3}\pi$ ou 4,1888, on obtient pour quotient 0,241119 qui représentent évidemment le cube du rayon; donc le rayon $= 0^{m},620$.

207 — La surface d'une zône a pour mesure le produit de la circonférence d'un grand cercle de la sphère par la hauteur de la zône; on a donc $S = 10\pi \times 1{,}50 = 4^{mq},7124$.

208 — Le volume du cylindre $= \pi \times 0{,}50^2 \times 8 = 6^{mc},2832$, et le volume de l'hémisphère $= \frac{2}{3}\pi \times 0{,}50^3 = 0^{mc},2618$, donc le volume de la colonne $= 6^{mc},545$.

209 — La capacité du demi-cylindre $= \pi \times 0{,}50^2 \times 1 = 0^{mc},7854$, et celle du quart de sphère $= \frac{1}{3}\pi \times 0{,}50^3 = 0^{mc},1309$; donc la capacité de la niche $= 0^{mc},9163$.

210 — On peut chercher d'abord le rayon de la sphère, on en conclut ensuite aisément sa surface; mais il vaut mieux opérer de la manière suivante : soit R le rayon de la sphère, S sa surface et V son volume, on a :

$$S = 4\pi R^2 \text{ et } V = \frac{4}{3}\pi R^3.$$

Quand deux quantités sont égales, leurs carrés et leurs cubes sont égaux : élevons au cube les deux membres de la première égalité et au carré les deux membres de la seconde, il vient

$$S^3 = 64\pi^3 R^6 \text{ et } V^2 = \frac{16}{9}\pi^2 R^6.$$

Quand on divise deux quantités égales par deux autres quantités égales, les quotients sont égaux : divisons les deux membres de l'avant-dernière égalité par les deux membres de la dernière, et supprimons les facteurs π^2 et R^6 communs au dividende et au diviseur du second quotient, il vient

$$\frac{S^3}{V^2} = 36\,\pi \text{ d'où } S^3 = 36\,\pi\,V^2.$$

En remplaçant dans cette dernière formule V par sa valeur 12^{mc}, on trouve

$$S^3 = 16286{,}0544, \text{ d'où } S = 25^{mc}{,}34.$$

211 — On peut chercher d'abord le rayon de la sphère, on en conclut ensuite aisément son volume; mais il vaut mieux faire usage de la formule démontrée au numéro précédent

$$S^3 = 36\,\pi\,V^2, \text{ d'où l'on tire } V^2 = \frac{S^3}{36\,\pi}.$$

en y remplaçant S par sa valeur 6^{mq}, on a :

$$V^2 = \frac{6^3}{36\,\pi} = \frac{6}{\pi} = 1{,}909854, \text{ d'où } V = 1^{mc},381.$$

212 — La surface de l'aérostat $= 4\,\pi\,R^2 = 16\,\pi = 50^{mq}{,}2656$. Or, il est formé d'un taffetas qui pèse 250^{gr} le mètre carré, donc l'enveloppe pèse $250^{gr} \times 50{,}2656 = 12^{k}{,}566$. Le volume du ballon $= \frac{4}{3}\pi R^3 = \frac{32}{3}\pi = 33^{mc}{,}510$; donc il peut contenir $33^{mc}{,}510$ de gaz.

213 — La surface de l'aérostat $= 100\,\pi = 314^{mq}{,}16$; or, le taffetas pèse 300^{gr} le mètre carré, donc l'enveloppe pèse $300^{gr} \times 314{,}16 = 94^{k}{,}248$. Le volume du ballon $= \frac{500}{3}\pi = 523^{mc}{,}6$; donc il peut contenir $523^{mc}{,}6$ de gaz.

214 — Prenons le millimètre pour unité. Le volume d'une des sphères de plomb $= \frac{4}{3}\pi \times 1^3 = \frac{4}{3}\pi$. Or, elles doivent déplacer un volume d'eau cylindrique de 50^{mm} de rayon et de 10^{mm} de hauteur, égal par conséquent à $\pi \times 50^2 \times 10$

ou à 25 000 π; donc autant de fois 25 000 π contiennent $\frac{4}{3}\pi$, autant il faut plonger de sphères dans l'eau. On peut supprimer le facteur π commun au dividende et au diviseur, donc le quotient $= 25\,000 \times \frac{3}{4} = 18\,750$; ainsi il faut plonger dans l'eau 18 750 sphères.

215 — En divisant la demi-circonférence 20 000^k par 3,1416, on obtient pour quotient 6366^k qui représentent le rayon de la terre supposée sphérique; donc ce rayon vaut 1591 lieues $\frac{1}{2}$ de 4 kilomètres.

216 — Les volumes de deux sphères sont entre eux comme les cubes de leurs rayons; on a donc $\frac{V}{v} = \frac{112^3}{1^3} = \frac{1\,404\,928}{1}$; donc le volume du soleil égale 1 404 928 fois celui de la terre.

217 — Les surfaces de deux sphères sont entre elles comme les carrés de leurs rayons, on a donc

$\frac{s}{S} = \frac{(\frac{3}{11})^2}{1^2} = \frac{9}{121} = 0,074...$, c.-à-d. un peu moins de $\frac{1}{13}$.

FIN.

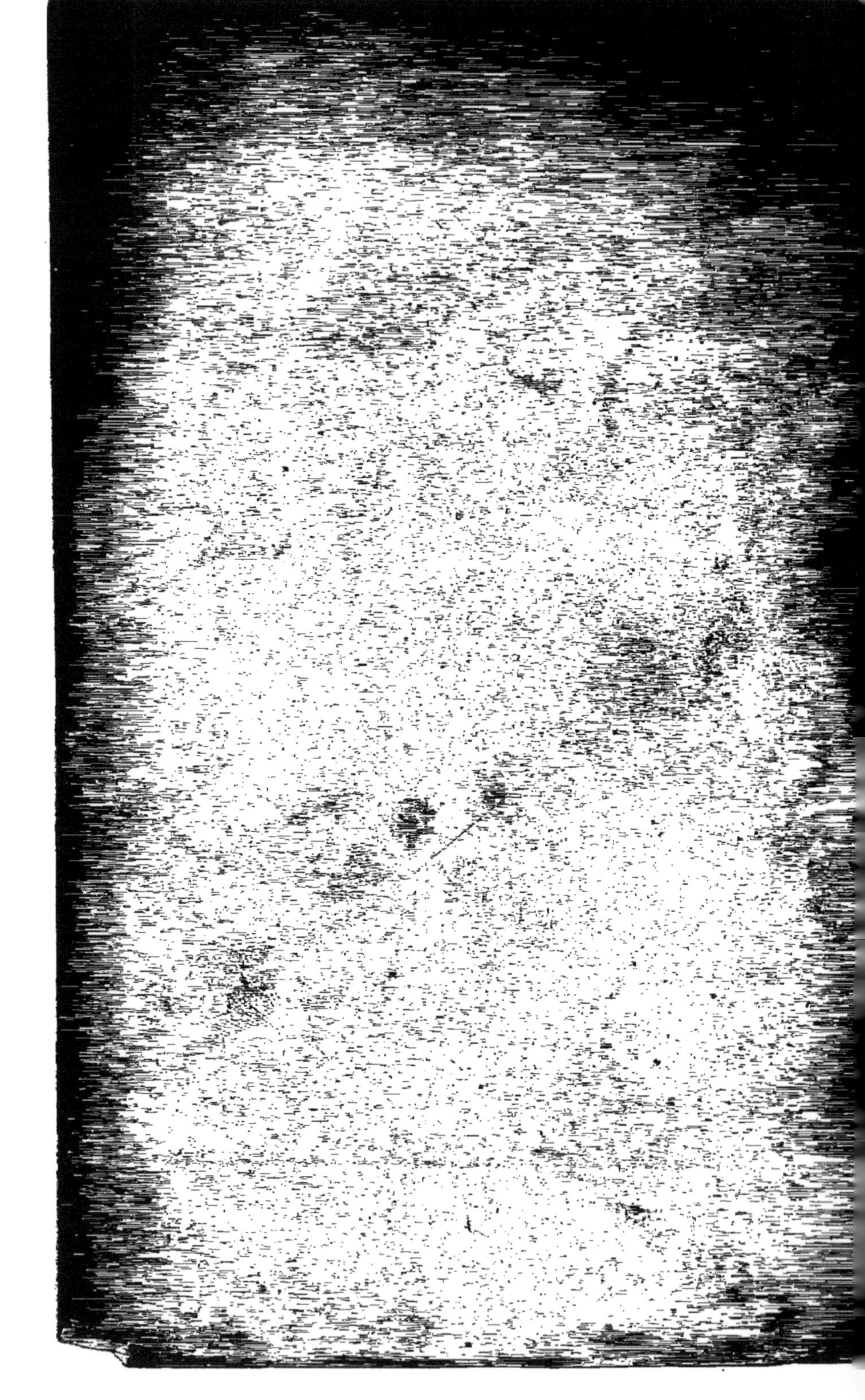

www.ingramcontent.com/pod-product-compliance
Ingram Content Group UK Ltd.
Pitfield, Milton Keynes, MK11 3LW, UK
UKHW020221200726
13856UKWH00004B/1538